ミニ授業書

虹は七色か六色か

真理と教育の問題を考える

板倉聖宣 著

仮説社

はしがき

『虹は七色か六色か』と題したこの小冊子の主題は，表面的には〈虹の色数〉を教えるものとなっています。しかし，その〈真のねらい〉はもっと深いところにあって，人びとの「教育」とか「科学」というものについての「考え方」そのものを考えるものとなっています。

ですから，「〈虹の色数〉なんかはどうでもいい」などといって無視しないで，付き合ってくださるようお願いします。そして，「大学の教育学の時間にも取りあげてくださるといい」とも思っています。最近の「科学論」や「教育論」について反省の機会を与えるものともなっているからです。

もちろん，その他の〈一般に教育や科学に多

少なりとも関心をもつ人びと〉が読んでくださっても，興味がもてるはずです。ですから，「虹の色数を教えるだけの本だ」とは考えずに，小学校高学年から中学校，高等学校，その他の理科や道徳，ホームルームの時間などでも取りあげてくださるといい，と思っています。

　このような話題は，何人かの人びとが話しあいながら読むといいのですが，「今のところ一緒に読む人はいない」という人は，もちろん一人で読んでくださってもさしつかえありません。

　「教育研究も進歩しなければならないし，進歩する余地がかなりある」と感じていただければ，さいわいです。

板倉聖宣

〔目次は56ページにあります〕

〔問題１〕

　唐突な質問ですが，あなたは，虹の色は何色だと思いますか。

　なにも難しいことを聞いているのではありません。「小さい子どもから，〈虹の色って，色がいくつあるの？〉と聞かれたら，あなたは何色と答えますか」というのです。

　答　え
ア．七色。
イ．六色。
ウ．五色。
エ．八色。
オ．その他。

〔日本では七色，米国では六色〕

 いきなりこんな質問をしたのには，事情があります。じつは，1978〜79（昭和53〜54）年に，「虹の色は日本では七色が常識だが，米国では六色が常識になっている」ということが話題になったことがあるからです。

 日高敏隆・村上陽一郎・桜井邦朋・鈴木孝夫という，当時の日本を代表するような指導的な4人の学者が，ほとんど時を同じくして，「アメリカでは虹は六色といわれている」ことを報じていたのです。そこで，その話題を科学教育と科学史の観点から見直してみることにしようというのです。

 まず，その4人の学者の話を聞くことにしましょう。

 私の知る限りでは，この話題を最初に取り上

げたのは,新しい動物生態学の旗頭として知られていた日高敏隆さんです。日高さんは『現代思想』という雑誌の1978年5月号に「虹は何色か」と題する文章を発表して,その中で,

「〈虹の色はいくつあるか?〉先日,ふとこんなことをあるアメリカ人にたずねてみた。答は意外だった。彼は即座に〈六つ〉と答えたのである」

と書いて,この話題を正面から取りあげました。

この文章は,その1年後にまとめられた日高さんの随筆集『犬のことば』(青土社, 1979.6.25)にも載せられ,さらに『生きものの世界への疑問』(朝日文庫, 1991)にも再録されました。日高さんは啓蒙的な仕事も軽んぜず精力的に取り組んだので,その本はたくさんのファンを中心に多くの人びとに読まれたと思います。日高さん

は1975年に招かれて京都大学教授に転じています。

次に同じ問題を取りあげたのは，科学史で有名な村上陽一郎さんの『新しい科学論——〈事実〉は理論をたおせるか』（講談社ブルーバックス，1979.1.20）です。村上さんは当時，東京大学教養学部の助教授でした。彼はその本の中で，まず，

「アメリカで実際に体験したことですが，高速道路を車で走っているとき，小さなトンネルに入りました。そのトンネルの入口が虹色に塗ってあったので，〈あんなところに七色も塗るなんて，ずいぶん手間をかけたもんだ〉とつい口走ってしまいました。耳ざとく隣の席にいたアメリカ人が聞きとがめていうには，〈あれだけのわずかな時間に七色もの色を見分けたのか〉と」

と書き、「わたしは虹といえば七色だとばかり思っていたのです」と話をつなげて、「アメリカ人の多くは、……通常は六つの色しか認めていないのです」と紹介したのです。そして、〈どうして日本人とアメリカ人とで虹の色数が違うのか〉と話を発展させています。

　3番目に同じ話題を取り上げたのは、桜井邦朋著『〈考え方〉の風土』(講談社現代新書、1979.8.20)です。桜井さんは物理学者で、当時神奈川大学の教授でしたが、のちに同大学の学長ともなった人です。彼は、その本の中に「六色の虹」という節を設けて、

　「アメリカ滞在中のある日、友人から虹の色に関する質問の電話がかかって来て……〈日本語学校の子供の宿題に、「虹の色は七つだが、それは何と何か、調べてくるように」と

いうのが出たが,いろいろな資料で調べても六つしかないけれど,解りませんか〉というものであった。……アメリカの本に出ている虹の色は,赤,橙,黄,緑,青,紫となっていて,藍の色が欠けているのであった」
と話題にしたのです。

　最後は,有名な言語学者の鈴木孝夫さんの書いた『日本語と外国語』(岩波新書,1990.1.22)です。この本の出版は1990年ですが,この本の〈虹は七色か〉を論じた部分の最初に,

　「私はこの問題について過去十数年の間に,たびたびふれて来たが,ここに改めて現在まで明らかとなった事実をまとめてみることにしたい」

と書いています。鈴木さんは1979年の『慶応義塾大学言語文化研究所紀要』に「虹の色は何色

か」という論文を発表して以来，同じ問題について何回も書いてきたというのですから，上の三人と同じ時期から同じ話題に関心を持ちはじめていたことになります。

　じつは，鈴木さんは，私がさきに引用した桜井さんの本にも言及して書いているので，私はこの本を見て，桜井さんも同じことを話題にしていることを知ったのですが，鈴木さん以外の3人は，他の人とは無関係に偶然，同じ話題に気づいたような書き方をしています。しかし，3人は本当に他の人とは無関係に，同じ時期に同じ話題に興味をそそられたのか疑問です。

　じつは，一番最初の日高敏隆さんは，「先日，ふと」「虹の色はいくつあるか？」と「あるアメリカ人にたずねてみた」と書き始めていますが，そんな質問を「ふと」するのは不自然と言える

でしょう。その時代にアメリカに留学していた日本人科学者の間では、すでに「虹の色数が日本とアメリカでは違うらしい」ということが話題になっていたので、そんな質問をすることになったのではないでしょうか。

〔問題２〕
　そこで、改めて質問します。
　「虹は何色(なんしょく)からなっている」というのが正しいと思いますか。
　　予　想
ア．七色。　　イ．六色。　　ウ．五色。
エ．八色。　　オ．その他。

　その結論は後回しにして、話を先に進めることにします。

〔問題３〕

　それでは，先の４人の学者たちは，「日本では〈虹は七色〉が常識なのに，アメリカではどうして六色と思われているのか」ということについて，どう考えたと思いますか。

　予　想

ア．〈言われてみれば，虹は六色と言ったほうがよさそうだ〉と考えた。

イ．〈そんなことはない。日本の七色のほうが正しいのだ〉と考えた。

ウ．〈アメリカ人は色の言葉が不足しているから，虹の中の藍色を識別できずに，虹は六色と思うだけなのだろう〉と考えた。

エ．その他。

（２つを選んでもかまいません）

〔4人の学者の意見は一致していた〕

4人の学者は,生物学者,科学史家,物理学者,言語学者と,研究分野が大きく違っています。ですから,その意見が大きく違っても良かったと思われます。ところが,この話題での意見はほぼ同じでした。そして,その回答は,上の「ウ.〈アメリカ人は色の言葉が不足しているから,虹の中の藍色を識別できずに,虹は六色と思うだけなのだろう〉と考えた」と要約しうるものでした。

そして,「これは〈科学上の真理もその国の文化の伝統や言葉の違いによって変わることがある〉という証拠だ。だから,アメリカでは〈虹は六色〉,日本では〈虹は七色〉と違っていてもいいのだ」というのです。

本当にそうでしょうか。

あなたはじっさいに虹を見て，七色を見分けられますか。じつは，私は子どものときからときどき虹の色が何色あるか数えようとしたことがありますが，いつも五色か六色しか数えられませんでした。無理に七色とすると八色にした方が自然だと思ったのです。そこで，この話題を知ったとき，すぐに「言われてみれば，虹は六色と言ったほうがよさそうだ」と考えました。

　ところが，上の４人とも，「〈虹は七色〉という日本人の常識は，間違っているかも知れない」とは，一度も考えなかったようです。なぜでしょうか。これらの学者たちが「アメリカ人の考えのほうが正しい」と考えなかったのは，「日本人の主体性が確立していた」という証拠と考えてすませていいのでしょうか。

　じつは，1950年ころの日本の学者たちの中に

は,「日本語は厳密な学問をする言語としては英語など欧米語よりもずっと劣っている。だから,日本語をやめて英語を使ったほうがいい」という人が少なくありませんでした。大学生のころ,そんな話を何回も聞きました。ところがその後,日本の経済が高度成長を重ねて,アメリカ製の工業製品に脅威を与えるようになると,「日本語は学問用語として劣っている」という話はほとんど聞かれなくなりました。そのとき私は,つくづく「こんな問題の論議にまで民族の自信が反映するのだな」と思ったものです。

〈虹は七色か六色か〉問題が広く話題になった1978〜79年といえば,日本の高度成長が一定の成果をあげて,日本人にもそういう自信がつきはじめたころのことです。そこで,日本の新進気鋭の学者たちは,アメリカ人の常識が日本

人のそれとは違うと知っても，慌てることはなかったのです。〈日本人にはアメリカ人とは違う独自の考え方がある〉と胸をはったというわけです。

　一番手の生物学者の日高敏隆さんは，アメリカ人が〈虹は六色〉と答えるのを聞いて，
　「そんなことはない。虹は七色っていうでしょう。七つですよ」「じゃあ，何が加わるんです？」「ブルーの次にインディゴ（あい）があるでしょう。ブルー，インディゴ，ヴァイオレットですよ」／ぼくはこれで彼がうなずくと思った。ところがそうはいかなかった。彼は〈インディゴはブルーの一種だ〉といってきかなかったのである」
と書いています。

しかし、日高さんは、その後さらに、
「そもそも虹の色などというものは連続しているのだから、どこで区切ろうと勝手なのだ。けれど、日本では七色の虹がアメリカでは六色になり、ベルギーでは五色になってしまうのは、たいへんおもしろかった」
と書き、さらに、
「〈日本語の表現は世界一こまやかだ〉という話を、今でもよく耳にする。これがばかげた俗説にすぎないのは当然だが、フランス人がフランス語について同じようなことを得意気にいうのを聞いていると、〈人間とはなんとものわかりの悪い動物なのか〉と、あらためて感心してしまう」
とも書いているのですが、〈虹の色に関するかぎりは、日本語が世界一こまやかだ〉というこ

とを暗に認めているようにも見えます。〈虹の色数など，民族により言語により違っていていいので，七色説と六色説のどちらがすぐれているとはいえない〉というのが，日高さんの意見なのです。

　じつは，その点では，科学史家の村上陽一郎さんの意見も同じと言っていいのです。この人は，虹の七色問題を，
　「ことばによって〈見る〉ものが支配されることを示すよい例だ，とわたくしには思われます」
と結論づけているのです。

　しかし，村上さんは自分の目で〈虹の七色〉を見分けることができたかどうかは，怪しいものです。この人は，
　「小学校のとき〈せき，とう，こう，りょく，

せい，らん，し〉という七色の名まえも，呪文のようにして記憶させられました」
とも書いているからです。

どうして，そんな暗記までして，虹の色を覚えたのでしょうか。自分の目では識別できないから，そういう暗記法を必要としたのではないでしょうか。私自身は，そんな暗記法を教わったことはないのですが，今回調べてみたところ，日本人の半分近くはそういう覚え方をどこかで教わっているようです。そこでいよいよ私などは，「みんな自分の目で〈虹の七色〉を見分けられないでいたのではないか」と疑ってしまうのですが，どうでしょうか。

〈アメリカ人は虹を六色と考えるのは，英語では藍という色があまり認知されていないからだ〉というのは，宇宙物理学者の桜井邦朋さん

も同じです。この人は,
　「日本人が藍色に特別の感情をもっているらしいこと,および,緑を青といって全然怪しむふうのない日本の風土からみて,私たちが藍色を自然の風物の中に強く意識しているのだな,と感じられた」
とも書いています。

　こうして,虹の七色問題が言語上の問題であるとなれば,言語学者が登場してくるのが当然です。そこで,言語学者の鈴木孝夫さんは,
　「〈空にかかる美しい虹の色の数は言語によって異なるのだ〉ということを知っている人は今は少ない。……自然科学が専門の学者でも,この事実を知らないのが普通である」
と書いて,桜井邦朋さんの指摘に同調しています。

それにしても,これらの日本の指導的な学者たちは,本当に自分の目で〈七色の虹〉を見分けることができたのでしょうか。また,アメリカ人はもともと,藍色(=英語のインディゴ)を識別できない言語民族なのでしょうか。

　もしかすると,上の4人の学者は,「虹は六色」というアメリカ人の考えを否定することもできず,そうかといって日本人の七色説も否定したくなかっただけだったのではないでしょうか。そこで,「科学上の真実は,立場によって違っていても不思議ではない」という新説が気に入って,この問題を考えただけなのかも知れません。

　そこで,こんな問題を考えたら,どうでしょうか。

〔問題4〕

　アメリカ人は，ずっと以前から〈虹は六色〉と考えていたのでしょうか。

　たとえば，南北戦争（1861〜65）ころのアメリカ人は，虹を何色と考えていたと思いますか。

　予　想

ア．そのころから〈六色〉と考えていた。

イ．そのころは，〈七色〉と考えていた。

ウ．そのころは，〈五色またはそれ以下〉と考えていた。

　日本の明治維新は，ペリーの率いるアメリカの艦隊が1853年に浦賀にきて，開港を要求したのを契機として 1868＝明治元年に起きたのですが，アメリカではそれから南北戦争が起きていたのです。

〔アメリカ人も,昔は〈虹は七色〉〕

　アメリカ人も昔,日本の開国のころには,虹は七色と思っていました。

　たとえば,慶応三年＝1867年に日本で翻刻(ほんこく)されて,明治維新前後の日本の教育にも圧倒的に影響を与えた本に,『理学初歩』という本があります。ミス・メアリー・スウィフトという女性が1833年に著した本で,1859年に増補改訂されてロングセラーを続けた『子どものための科学入門』という本を,表題だけを日本語にして英語のまま翻刻した本です。この本はキリスト教をもとに書かれた本ですが,虹はキリスト教の成立神話とも繋(つな)がりが深いというので,とくに詳しく扱っているのですが,その本の中には,虹の色をはっきり七色と書いてあります。その七色の中には,もちろん「藍＝インディゴ」も

スウィフト著『子どものための科学入門』より（原図は彩色）

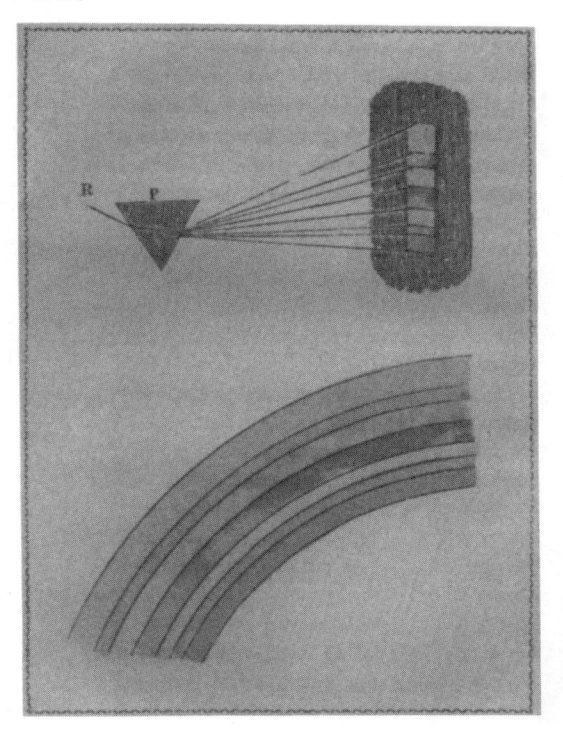

含まれています。

　その他，その頃アメリカで出版されたどの科学の本を見ても，みな〈虹は七色〉と書いてあります。つまり，アメリカ人も，昔は虹を七色と思っていたのです。それなのに，なぜか，日高敏隆・村上陽一郎・桜井邦朋・鈴木孝夫という日本の新進気鋭の学者たちは，4人ともそろいも揃って，アメリカ人は昔から〈虹は六色〉と思っていて，しかも，〈アメリカ人は藍色を識別できないからだろう〉と誤解してしまったのです。

　それらの学者たちは，「ことばによって〈見る〉ものが支配される」という考えにとらわれすぎて，「人びとの考えが歴史的に変化する」ということには目が行き届かなかったというわけです。

〔問題5〕

　それでは,日本人はずっと以前から〈虹は七色〉と思っていたのでしょうか。

　もしかすると,日本人はアメリカその他から近代科学を全面的に取り入れるようになって初めて,〈虹は七色〉と考えるようになったのかも知れません。

　それなら,〈江戸時代の日本人＝近代科学を知る前の日本人〉は,虹を何色(なんしょく)と考えていたと思いますか。

　予　想

ア．そのころから〈七色〉と考えていた。

イ．そのころは,〈六色〉と考えていた。

ウ．そのころは,〈五色またはそれ以下〉と考えていた。

エ．人によって,まったくマチマチだった。

〔江戸時代の人びとは虹の色数には無関心〕

〔問題5〕の正答は,「ウ」または「エ」と言っていいでしょう。

江戸時代の日本人は,虹に関心を持っていなかったわけではありません。江戸時代の日本人も,「虹は,太陽を背にして霧を吹けば,人工的に作ることもできる」ということも知っていて,人工虹を作って遊んでいたほどです。それなのに,〈虹は何色か〉という問題にはまったくというほど無関心でした。

私の知る限り,日本の本で〈虹は七色〉と記した最初の本は,青地林宗の『気海観瀾』(1835)と言っていいようです。その本は日本に欧米の近代物理学をはじめて体系的に紹介した本です。つまり,日本人は,ニュートンの分光学を知ってはじめて〈虹の色数〉を意識するようになっ

たのです。

　それでは，江戸時代の人びとは，虹の中にどんな色を認めたのでしょうか。児島正長著『秉燭或問珍』(1710) という本は，中国伝来の当時の自然観をわかりやすくまとめた本ですが，その本には「朝日に向かって水を吹けば，その色は紅緑をなす」と書いてあります。とは言っても，この人は「虹は紅と緑の二色からなっている」と本気で考えていたのではないことは明らかでしょう。虹の色をその二色で代表して表しただけなのです。

　そういえば，司馬江漢 (1738～1818) という人は，画家で日本ではじめて油絵を書いたことでも有名ですが，日本に広く地動説を紹介した『和蘭天説』(1796) という本の中で，

　「虹は，微薄の雨に日光の映写して五彩をな

す。……黄色・紅色・緑色・紫色・青色なり。……太陽の輪郭，焔災(えんさい)の処，自然にして五色をなす」
と書いています。

　ここにははっきりと虹の色の数に言及していますが，七色ではなくて五色です。日本人は昔から虹を七色と考えてきたのではないのです。

　それなのに，1978〜9年の日本の学者たちは，「日本人はその民族的な伝統にしたがって，昔から虹を七色と思ってきた」と思い違ってしまったのです。それらの人びとは小さいときから，虹を七色と教わったので，それは日本独自の民族文化だと思い誤ってしまったのです。

　日本人は，イギリスのニュートンの分光学を知って，はじめて〈虹は七色〉だと考えるようになったのです。

〔問題6〕

　それなら，ニュートンが分光学の研究をはじめた当時のイギリスでは，〈虹は七色〉が常識化していたのでしょうか。

　予　想

ア．その頃のイギリスでは〈虹は七色〉が常識となっていた。

イ．〈虹は七色〉は常識ではなかったが，ニュートンは〈虹は七色〉と思っていた。

ウ．ニュートンも，はじめは〈虹は七色〉とは思っていなかった。

〔虹は七色はニュートン以後の常識〕

　じつは，分光学の研究をはじめた当時，ニュートン自身も虹の色を七色とは考えていませんでした。ニュートンの分光学の研究成果をまとめた『光学』(1704) は，全文が日本語に訳されていますが，その前のほうには，プリズムで分光した基本の色を「赤・黄・緑・青・菫(すみれ)」の五色と書いてあります。ニュートン自身もはじめは，虹の色を五色と考えていたのです。

　そして，世界ではじめて〈虹は七色だ〉と主張した人は，そのニュートンだったのです。

　ニュートン (1642～1727) は，プリズムで白色光をたくさんの単色光に分けて研究する〈分光学〉という学問をはじめました。そして，その研究と虹を結びつけた科学者です。ですから，

　〈白色光はいくつの単一の光に分解されるか〉

ということを気にしないわけにはいきませんでした。そこで,〈虹の色数〉を問題にするようになったのです。

　そのときニュートンは,はじめ「七つなら一週間の日数と同じになるのだが」などと考えたことでしょう。じつは,一週間が7日なのは,「キリスト教の神が6日間で世界を作って,最後の1日を休息に当てた」という神話に基づいているのです。ニュートンは熱心なキリスト教徒でもあったので,そんな考えも気にいったかも知れません。しかし,それだけではあまりに宗教的すぎます。

　そこで彼は,七の出てくる他の自然現象を探して,音階が「ド・レ・ミ・ファ・ソ・ラ・シ・(ド)」の7つから成っていることに目をつけました。そこで,〈虹と音階の理論〉を対応させて

研究しました。しかし，彼自身には〈虹の色＝白色光をプリズムで分光した単色光の数〉は7つに見えませんでした。しかし，〈青〉と〈紫〉の間に〈藍色〉が見えれば，音階の理論とうまく合うのです。さいわい，そのとき〈私には藍色も見えます〉という人がいました。そこで彼は，〈虹の色は七色〉と考え，「藍色と橙は，半音階に対応するので，幅が狭いから自分には見えなくても仕方がないのだ」としたのです。けれども，このニュートンの考えは仮説でしかなく，今から言えば全く根拠のないことが明らかになっています。

　しかし，当時ニュートンは，〈神のように偉い科学者〉と尊敬されていました。彼は分光学を築いて色の理論を完成させたばかりか，運動力学の基礎と万有引力の法則を発見して，天体の

運動の法則まで確立したからです。キリスト教の人びとは,「〈天体の運動〉を支配するのは神の仕事だ」と思っていたので,ニュートンを神のごとく尊敬したのも当然とも言えたのです。そこで,〈虹は七色〉とする彼の考えも当然のこととして受け入れられることになったのでした。

　それなら,英国をはじめ欧米の人びとの目には,虹は七色に見えたのでしょうか。おそらくそうは見えない人びとがたくさんいて,困ったに違いありません。その証拠に,英国の人びとは,虹の七色の名前を覚える工夫をしました。

〔**七色の虹の覚えかた**〕
　英語での〈虹の七色〉の覚え方の一つは,〈red, orange, yellow, green, blue, indigo, violet〉という虹の色の配列を,〈Richard of York

gave Battle in vain.（ヨークのリチャードの挑戦は空しかった）〉という意味のある文章にして覚える方法です。〈ヨークのリチャード〉というのは，実在の英国のヨーク王リチャード三世（1452～85）のことですが，その〈ヨーク王がのちの英国王ヘンリー七世（1457～1509）と戦って敗れた〉というのは，英国人にはよく知られている話です。そこで，〈その文章に出てくる7つの英単語の頭文字をつなげると，虹の七色の頭文字〈ｒｏｙｇｂｉｖになる〉というので，七色の文字を思い出せるというわけです。

　じつは，日本の英和辞典の〈rainbow〉の項を引くと，〈虹の七色の覚え方〉まで書いてあるものがあります。そして，もっとも一般的なのは，〈red, orange, yellow, green, blue, indigo, violet〉という色の配列を，〈Roy.G.Biv.〉と覚え

るか,その逆の〈vibgyor〉として覚える方法のようです。

　ニュートンの明らかにした〈虹の七色〉が誰の目にも見えるなら,こんな暗記など必要がなかったはずです。自分でときどき本物の虹を見ればいいのです。そして,せいぜい〈赤・黄・青〉の三原色間に,前後の色の合成色をいれて〈赤(橙)黄(緑)青(紫)〉と理解すればいいのです。その中途に〈藍〉などという色を入れるから,暗記が必要となるのです。

　〈虹の色〉とは違って,自分の目には見えないものは,機械的な暗記を必要とするものもあります。たとえば,〈太陽系の惑星の並び順〉は〈水・金・地・火・木・土・天・海・冥〉と覚えるやり方です。しかし,虹の色が六色しか見えないのなら,上のように〈赤(橙)黄(緑)

青〈紫〉〉と考えて,答えることができるのです。ニュートンはその六色を七色として,上の並び順の〈青〈紫〉〉の間に〈藍〉という色を入れたから,覚えないわけにはいかなくなったのではないでしょうか。

　じつは,米国の理科教科書で,日本語に訳されている本にも,〈虹の七色の覚え方〉まで書いた本があります。E.ヒューイ著『はじめての物理学』(1949)で,その原書は1940年に出版されたものだそうですが,その訳者は,

　「原書では,虹の七色の英語名の頭字を,す
　みれ色から順にならべて,VIBGYORという
　字をつくって記しています」
と記しています。

　1978〜79(昭和53〜54)年に,「アメリカでは,虹の色は六色が常識になっている」と日本

に伝えた4人の学者たちは、〈アメリカ人のその常識は、昔からの英語文化のせいだ〉と思い込んでしまったのですが、1940年ころまではアメリカでも〈虹の色は七色〉とされていたことは明らかです。

〔問題7〕
 それなら、アメリカ人はどうして「虹は七色ではなく六色と考えたほうがいい」と考えるようになったのだと思いますか。
　予　想
ア．アメリカの科学界の大御所が〈虹の七色説は間違っている〉と指摘して変わった。
イ．理科教育の研究者が、〈虹の七色〉説の間違いを教育実験的に明らかにして転換した。

〔B.M. パーカー先生の教育実験〕

 アメリカの小中学校用の理科教科書は，1940年までは，みな「虹は七色」と書いてあります。しかし，1941年に発行されたB.M.パーカー著の単元別教科書『雲と雨と雪』は不思議な書き方をしています。その教科書の〈虹〉の部分の最初には，本書の表紙のような虹の絵が大きくカラー印刷されていますが，そこには上から〈red, orange, ……violet〉と七色の文字が書き込まれています。

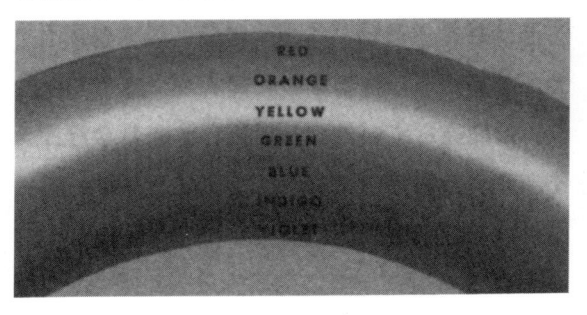

そこで、「この教科書は〈虹は七色〉と教えているのか」と思うと、そうではありません。上の絵のすぐ下の本文には、まず、

「もし虹の絵を描くことになったら、六色が必要です。それは、〈violet, blue, green, yellow, orange, red〉です。それは、次のページの絵 (本書の裏表紙の図) のようなプリズムを通して見たときの色と同じです。………／あなたは、〈虹には七色ある〉と聞いたことがあるかも知れません。ときには、indigo が虹の色の一つとしてあげられることがあります。indigo というのは、赤みがかった青です。あなたが特に〈青と藍の両方の名を挙げたい〉というのでなければ、両方の名を挙げる必要はありません」

と明記されているのです。

すなわち、この教科書はindigo＝藍を忘れているのではなしに、それを十分承知の上で、〈その色はほとんど見えないから、挙げる必要がない〉としているのです。

　これは押しつけでしょうか。そうではありません。そのことは、この教科書の教師用書を見ると分かります。そこには、この部分の授業の展開の仕方が次のように記されているのです。

　「プリズムを設置して、壁に虹色の帯を映します。そして、〈その壁の上の色帯〉を〈下の図に示してある色の帯〉（原図は裏表紙）と見

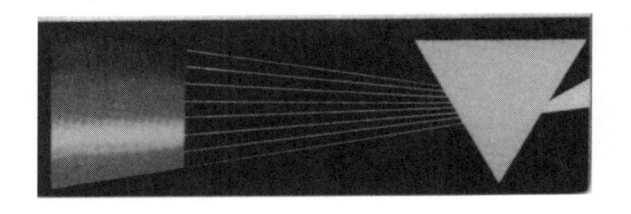

比べさせ，さらに〈壁の上の虹色の帯〉を〈前の虹の絵〉とも見比べさせます。そしてその〈虹の絵の上に書き込まれている色〉のうちどれか〈壁の上の色の帯に見つけるのが難しい色〉がありますか。それはどれですか」と質問するなどして，「虹を七色と考えるのは無理で，六色と考えたほうがいい」と子ども自身が納得するようにできているのです。

　この教科書と教師用書の著者のベルタ・M.パーカーという人は女性で，〈シカゴ大学のラヴォラトリー・スクール＝実験学校〉の所属でした。〈シカゴ大学の実験学校〉といえば，アメリカの有名な教育学者デューイ（1859～1952）が教育を実験的に研究するために設立したことで有名な学校です。

　私は，日本で〈虹は七色〉と教わったとき，

自分では六色にしか見えないので困りました。私のような子どもは〈虹は七色〉と教わると，学校教育に不信感をもつか，自分の感覚に自信を失ってしまいます。B.M.パーカー先生は，そういう悲劇をなくすために，こんな授業を考案したのです。

　さいわい，アメリカの他の教科書の著者たちも，パーカー先生の〈虹の七色説否定〉の結果を無視しませんでした。そこで，間もなくアメリカの理科教科書はこぞって，〈虹は六色〉説を採用するようになったのです。そこで，1978～79（昭和53～54）年までには，アメリカの若い科学者たちもみな，〈虹の色は六色〉を常識とするようになって，日本から渡米した4人の指導的学者たちを驚かせたのです。

〔4人の学者たちの誤り〕

しかし,その4人の学者たちは,揃いもそろって,対応をまったく間違えたのでした。アメリカ人が〈虹は六色〉と考えるようになったのは,〈虹は七色〉という考えを知ってのことであったのに,〈アメリカ人の言語文化にはインジゴ＝藍という概念が希薄であるからだ〉などと何の根拠もなく考えてしまったのです。

その人々は,どうしてそんな根拠のないことを考えてしまったのでしょうか。それは,「その人々が〈科学上の真理もその国の文化の伝統や言葉の違いによって変わることがある〉という当時流行していた科学論に魅せられすぎたせいだ」といって間違いないでしょう。

たしかに,〈科学上の真理もその国の文化の伝統や言葉の違いによって変わることがある〉

ということもあり得ないことではありません。しかし，人びとによる科学上の意見の対立があることを知ったとき，〈どちらが正しいか〉と考えても見ずに，その対立をすぐさま〈その国の文化の伝統や言葉の違い〉のせいにすることは，とんでもない間違いです。

　この〈虹は七色か六色か〉の話題は，「日本の多くの学界の指導者たちでも，そういう初歩的な間違いに陥る危険を示している」といっていいでしょう。この人々は，アメリカでの科学教育研究者たちの成果を知りながら，そのことから学ぶこともできなかったのです。

〔自分の感覚を信じられなくなったら〕
　自分の目を信じられなくなって，教科書に書いてあることだけを信ずるようになったら，科

学も創造性もありえません。それなのに，日本の指導的な科学者4人は，自分の目よりも教科書に書いてあることを信じて暗記して間違えたというよりほかありません。科学とか創造性とはあまり縁のない人が間違えたのではないのです。このことは日本の科学と教育の深刻な欠陥をしめしています。

　この事件は，科学の教育の面でも，アメリカのほうが，日本よりずっと進んでいたことを示すものというよりほかありません。こんなことでは，子どもたちを科学好きにすることができないし，優等生たちでさえも創造性を養うことができません。そこで私は，この事件を見逃しにすることができないのです。

　じつは，最近の日本の国語の教科書や子ども

向きの本やコマーシャルに使われている虹の絵や中学校や高等学校の物理の教科書などを見ると，虹の色を七色でなく六色にしているものが少しずつ増えているように思われます。文部科学省などの教科書検定でも，アメリカの動向にしたがって虹を七色にかかないように指導しているようにも思えます。

　そこで，日本では「どうしてか知らぬまに，〈虹は六色〉が支配的になってしまう」かも知れません。結果的にはそれでもいいようなものの，そのような転換は不健康です。「考えが大きく変わるときには，その理由を明らかにして変えたほうが，反省の材料を提供する意味でも大切なことだ」と思うからです。

　そんなことが気になったので，結果的には指導的な4人の学者たちの間違いを明るみにする

ような話をしてしまった次第です。私には，何もそれらの学者たちに個人的な恨みがあるわけではありません。「これらの学者たちは，〈象牙の塔〉の科学者を決め込んでいる多くの科学者たちとは違って，啓蒙的な著述にも熱心に取り組んでくださったから，こういう誤りも明らかになってしまった」とも言えるのです。

　科学者たちは，いつも「自分の目で，自分の頭で考えよ。そうしてはじめて創造性が高まるのだ」といいます。しかし，多くの科学者たちはとても権威主義的で，権威にしたがって考えることが多いのです。「自分自身で考えずに暗記を貫いたから優等生になれて，それで科学者になることもできた」という側面も無視しえないのです。だから，「指導的な学者たちでも，つまらぬことにこだわって，とんでもない間違い

をおかすこともある」ということをお知らせするのも大切なことだ，と思った次第です。

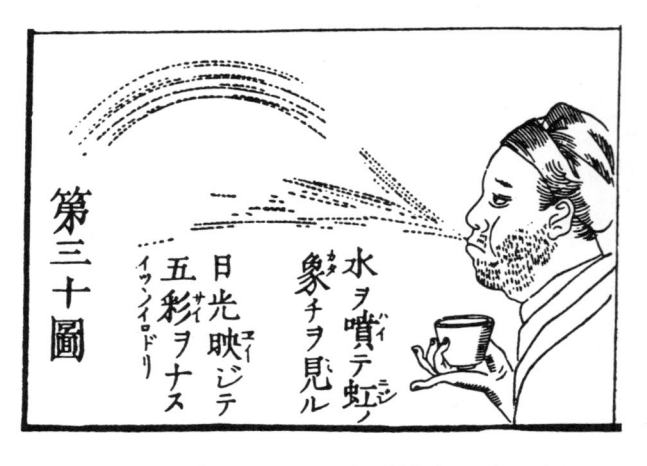

第三十圖 水ヲ噴テ虹ノ象チヲ見ル 日光映ジテ五彩ヲナス イツシイロドリ

司馬江漢著『コペルニク天文図解』（1808）から

あとがき

　ここで取り上げた4人の学者のうち，言語学者の鈴木孝夫さんは1926年生まれ，日高敏隆さんは1930年生まれ，桜井邦朋さんは1933年生まれ，村上陽一郎さんは1936年生まれで，この話題が相次いで書かれた1979年には，43歳から53歳という年齢で，新進の学者というよりも，すでに指導的な学者という年齢になっていました。じつは，筆者＝板倉聖宣も1930年生まれなので同じ世代に属する人なのです。それなのに，流行にうとい私は，その当時，科学や言語学に興味をもつ人びとが啓蒙書の中でこんな話題を読んでいることなど，まったく気づきませんでした。

　ところが，2001年になって，たまたま岩波新

書の鈴木孝夫著『日本語と外国語』(1990)を読んで，この話題を知って驚いたのでした。ちょうどその頃，私は，栃木の遠藤郁夫さんと一緒に《虹の正体》という授業書作りを始めたこともあって，この問題を深追いすることになったのです。そして，まずその研究成果を「虹は七色か——押しつけはどのようにして忍びこむか」という文章にまとめて，『たのしい授業』2001年3月号に発表し，さらに「人びとは虹をどう考えてきたか——中国・日本・西洋での虹の研究史略」という文章にして，『たのしい授業』2001年4月号に発表しました。

　はじめ私は，当時この問題を取り上げたのは鈴木孝夫さんのほか，その本に引用されていた桜井邦朋著『〈考え方〉の風土』(講談社現代新書，1979.8.20)だけだと思っていました。ところが，

その後，中一夫さんから，動物学者の日高敏隆さんも同じ話題を取り上げていることを教えてもらいました。そこで，その後の研究成果を含めて，「常識はどのようにして変わるか──〈虹は7色〉から〈虹は6色〉へ」という文章にまとめて，『たのしい授業』2001年6月号に発表しました。

これでおしまいかと思っていたら，その後さらに，龍谷大学の高橋哲郎さんから，科学史家で科学論者の村上陽一郎さんの『新しい科学論──〈事実〉は理論をたおせるか』（講談社ブルーバックス，1979.1.20）にも同じ話題が取り上げられていることを教えていただきました。じつは，村上陽一郎さんは大学での私の後輩に当たる人で，科学史家とも言える人なのです。そんな人までが，少し科学史的に考えれば分かることを大きく間違えていたのは驚きでした。しかし，その

ことは私が多少は予期していたことでもありました。私は前々から、村上陽一郎さんの紹介する〈新しい科学論〉に危険なものを感じていたからです。どうも、他の三人の学者たちは、村上さんの〈新しい科学論〉に大きく影響されて、こんな間違いをおかしたようにも思われます。
「最新流行の〈新しい科学論〉の間違いが、こんな誰でもわかる見事な間違いを呼び起こした」となったら、そのことを多くの人々に知らせる必要があるでしょう。

〈虹は七色か六色か〉などという話題は、それだけを取り出せば、どうでもいいことです。しかし、これが科学論、認識論の間違いに由来するとすれば、無視できません。そこで、これまでの研究成果をこのような冊子にまとめなおすことにした次第です。

じつは，この小冊子の内容の大部分は，上にあげた『たのしい授業』に発表した3つの論文を要約したものとなっています。ですから，もっと詳しい事情を知りたい方は，上に引用した3つの論文を見てください。本書とはかなり書き方は違いますが，本書よりもずっと多くの資料を引用して詳しく論じてありますので，お役にたつことがあると思います。

虹

冬朝在西北
冬晩在東北
夏朝在西南
夏晩在東南

春秋
朝在西方
晩在東方

西川如見著『両儀集説』(りょうぎ)（1714序）から

〔目　次〕

はしがき……………………………………………3
〔問題1〕虹は何色か……………………………5
日本では七色，米国では六色…………………6
〔問題2〕再び，虹は何色か……………………12
〔問題3〕アメリカでは〈虹は六色〉と思われて
　　いる理由についての4人の学者の考え………13
4人の学者の意見は一致していた──〈科学上の
　　真理もその国の文化の伝統や言葉の違いによ
　　って変わることがある〉という証拠。…………14
〔問題4〕アメリカ人は，ずっと以前から〈虹は
　　六色〉と考えていたか……………………………23
アメリカ人も，昔は〈虹は七色〉………………24
〔問題5〕日本人はずっと以前から〈虹は七色〉
　　と思っていたか………………………………27

江戸時代の人びとは虹の色数には無関心 ……… 28
〔問題6〕ニュートンが分光学の研究をはじめた
　当時のイギリスでは〈虹は七色〉が常識化して
　いたか ……………………………………………… 31
虹は七色はニュートン以後の常識 ……………… 32
七色の虹の覚えかた ……………………………… 35
〔問題7〕アメリカ人はいつごろ，なぜ〈虹は六
　色〉と考えるようになったか……………………39
B.M.パーカー先生の教育実験…………………… 40
4人の学者たちの誤り …………………………… 45
自分の感覚を信じられなくなったら …………… 46
あとがき …………………………………………… 51
目次………………………………………………… 56

●本書で検討した文献

日高敏隆「虹は何色か」『現代思想』1978年5月号。（同著『犬のことば』青土社（1979.6/25）／『生きものの世界への疑問』朝日文庫（1991）に再録）

村上陽一郎著『新しい科学論──〈事実〉は理論をたおせるか』（講談社ブルーバックス，1979.1.20）。

桜井邦朋著『〈考え方〉の風土』（講談社現代新書 1979.8/20）。

鈴木孝夫「虹の色は何色か」『慶応義塾大学言語文化研究所紀要』第10号（1979）。

同著『日本語と外国語』（岩波新書，1990.1.22）。

●もっと詳しく知りたい人のために

板倉聖宣「虹は七色か――押しつけはどのようにして忍びこむか」『たのしい授業』2001年3月号6〜21ページ。

板倉聖宣「人びとは虹をどう考えてきたか――中国・日本・西洋での虹の研究史略」『たのしい授業』2001年4月号，58〜74ページ。

板倉聖宣「常識はどのようにして変わるか――〈虹は7色〉から〈虹は6色〉へ」『たのしい授業』2001年6月号，8〜42ページ。

THE BASIC SCIENCE EDUCATION SERIES

CLOUDS, RAIN, AND SNOW

By

BERTHA MORRIS PARKER
LABORATORY SCHOOLS, UNIVERSITY OF CHICAGO

Checked for Scientific Accuracy by
THE U. S. WEATHER BUREAU
Chicago, Illinois

Intermediate

板倉聖宣（いたくら　きよのぶ）
1930年　東京下谷（現・台東区上野）に生まれる。
1959年　国立教育研究所に勤務。
1963年　仮説実験授業を提唱。
1973年　遠山啓氏らと教育雑誌『ひと』を創刊。
1983年　編集代表として月刊誌『たのしい授業』を
　　　　創刊（仮説社）。
1995年　私立板倉研究室を開設。
〔主な著書〕『科学的とはどういうことか』『科学と科学教育の源流』『増補 日本理科教育史』『日本における科学研究の萌芽と挫折』（仮説社）など多数。

ミニ授業書　**虹は七色か六色か**
　　　　　　　　—真理と教育の問題を考える
2003年8月17日　初版　　　（3000部）
2011年8月12日　2刷　　　（1000部）
著者　板倉聖宣　ITAKURA KIYONOBU,2003 ©
発行　株式会社仮説社
169-0075 東京都新宿区高田馬場2-13-7
電話 03-3204-1779　FAX03-3204-1781
印刷・製本　シナノ書籍印刷（株）
ISBN978-4-7735-0174-2 C0037

科学的とはどういうことか
板倉聖宣　誰でも簡単に実験できる。それでいて専門家も自信をもっては答えられない問題。科学を実感。1600円

なぞとき物語　新総合読本1
板倉聖宣・村上道子編著　知らなくてもいいけど知ってると役立つ世界が広がる，そんな知識を教えてくれる。1600円

知恵と工夫の物語　新総合読本2
板倉聖宣・村上道子編著　「生き方」「学び方」に関するちょっとした知恵にふれたお話。「稲村の火」収録。1600円

社会の発明発見物語　新総合読本3
板倉聖宣・松野修編著　今では当たり前の社会制度もそれを考えだした人がいて定着するまでの歴史があった。1800円

自然界の発明発見物語　新総合読本4
板倉聖宣編著　原子・電磁波・アンテナ…世界的な大発見から身近な日本での話まで，科学の楽しさを伝える。1800円

身近な発明の話　新総合読本5
板倉聖宣編著　石灰，コンニャク，電磁石など，身の回りにある身近なものに関する話を収録。1400円

仮説社（価格はすべて税別）

電磁波を見る サイエンスシアターシリーズ 電磁波をさぐる編①
板倉聖宣　簡単なおもちゃを使って〈目には見えない電磁波の性質〉を探る。たのしい実験がたくさん。2000円

電子レンジと電磁波 電磁波をさぐる編②
板倉聖宣・松田勤　「マイクロ波」を出す電子レンジを使って，電磁波の性質を研究する。2000円

偏光板であそぼう 電磁波をさぐる編③
板倉聖宣・田中良明　付録の偏光板（へんこうばん）を使ったさまざまな実験で，光の性質について学ぶ。2000円

光のスペクトルと原子 電磁波をさぐる編④
板倉聖宣・湯沢光男　付録のホログラムシートで〈分光器〉を作って，光をかんたんに虹の色に分解。2000円

仮説実験授業のＡＢＣ
板倉聖宣　授業運営法やその考え方，評価論，授業書の紹介。初心者にもベテランにも役立つハンドブック。1800円

仮説実験授業の考え方
板倉聖宣　「科学的に考える力を育てる」「教師のための基礎学」等，仮説実験授業の実際をわかりやすく説明。2000円

仮説社（価格はすべて税別）

地球ってほんとにまあるいの？
板倉聖宣著・松本キミ子画 「地球が丸い」となぜわかった？
常識を問直す難しさと楽しさを教えてくれる絵本。1200円

模倣の時代　上・下
板倉聖宣　どんな人が創造性を発揮し，だめにしたか。脚
気治療法の開発者と抑圧者の物語。上 品切中・下 3200円

煮干しの解剖教室
小林眞理子　料理のダシをとるのに使う「煮干し」で，生き
物の体と暮らしについてたのしく美味しく学ぶ。1500円

「子」のつく名前の誕生
橋本淳治・井藤伸比古 著／板倉聖宣 監修　名前に「子」が
つくようになったわけとは。庶民の思想史に迫る。1600円

よくある学級のトラブル解決法
小原茂巳ほか著　いじめ／不登校・親の苦情・学級崩壊など，
よくあるトラブル解決の手順と考え方を紹介。1300円

１時間でできる国語
「たのしい授業」編集委員会編　〈１時間程度の短時間でで
きる〉国語の授業で，役に立つアイデアが満載。1500円

仮説社（価格はすべて税別）